U0131534

再忙也要好好吃饭

进宝 ◎ 著绘

中国轻工业出版社

图书在版编目（CIP）数据

再忙也要好好吃饭 / 进宝著绘. — 北京：中国轻工业出版社，2024.5

ISBN 978-7-5184-4676-6

Ⅰ.①再… Ⅱ.①进… Ⅲ.①食谱 Ⅳ.①TS972.12

中国国家版本馆CIP数据核字（2024）第047622号

责任编辑：王晓琛　　　责任终审：高惠京　　封面设计：董　雪
版式设计：锋尚设计　　责任校对：朱燕春　　责任监印：张京华

出版发行：中国轻工业出版社（北京鲁谷东街5号，邮编：100040）

印　　　刷：北京博海升彩色印刷有限公司

经　　　销：各地新华书店

版　　　次：2024年5月第1版第2次印刷

开　　　本：880×1230　1/32　印张：5

字　　　数：200千字

书　　　号：ISBN 978-7-5184-4676-6　定价：68.00元

邮购电话：010-85119873

发行电话：010-85119832　010-85119912

网　　　址：http://www.chlip.com.cn

Email：club@chlip.com.cn

HELLO!
大家好~

我是Hank
▲ 佛系狮子座
▲ 插画爱好者
▲ 热爱生活，分享美食
▲ 不太能喝啤酒的青岛人

朋友们都以为
我的天赋是画画
其实我骨子里热爱做饭
不是大厨
却整天忙着做饭

进宝
▲ 社交大牛，听八卦 嘴很严
▲ 出门不回家，回家不出门
▲ 爱睡觉，爱干饭
▲ 能捡球

这次左手持锅铲，右手拿画笔，用绘画的形式记录美食。
以普通人的视角，把料理简单化，让烹饪美食对新手变得简单有趣。

进宝是一只很爱干净且会捡球的大橘田园猫。它平日里能吃能睡，拥有着大事不过问、小事不放过的性格。我们平淡的生活也因为"猫主子"的捣乱而变得"多姿多彩"。

我叫 Hank，是进宝的饲养员。平日记忆力差，背不出几首完整的古诗词，号称喜欢某个明星却记不清他的名字，除了喜欢画画、做饭和撸猫之外，还喜欢记录平淡生活的点点滴滴。

于是我尝试着把一些喜欢的事情糅合到了一起，便形成了"进宝开饭啦"手绘菜谱，而我也被大家亲切地称呼为"进宝"，这也成了我的笔名。最初的想法呢，就是把一些菜谱简单化，让做饭变得"平易近人"，和大家一起发现更多美食。没想到我的手绘食谱发布到网络上后，一

下子就得到了很多朋友的喜欢，这让我激动不已。为了不辜负大家的支持，平日的"抽空画画"变成了"加班加点地画"，积攒的菜谱也越来越多。在靠短视频赚眼球的今天能遇到来自天南海北那么多有共鸣的朋友，进宝的美食和画已经成为我们心照不宣的互联网"加密语言"。

很多网友留言说："真的好喜欢，赶紧出本书吧！""因为看你的手绘，我喜欢上做饭啦！"……这每句话对我来说都是莫大的鼓舞，心花怒放过后，我也清楚地知道出版一本书真的不是一件简单的事情。之前从来没想过这件事的我也开始慢慢思考出书的可能性，就在此时，运气好的我遇到了帮我策划这本书的编辑老师，激动的心情难以言表，很多想法真的是一拍即合。经过编辑老师的规划和梳理，内容也变得越来越有趣，也就是此刻呈现在你手里的样子。

　　创作的过程虽然令人疲惫，但是能收获第一本属于自己的出版物也是幸福满满，感谢一路走来大家的支持！

　　对了，书里有个小彩蛋，细心的你不妨找找看，不要放过任何一个角落哦！

[关于本书的食谱]
· 食谱中列出了作者的制作时间供大家参考，因每个人的操作熟练度不同，时间可能会上下浮动。
· 食材列表中的图片仅表示食材种类，具体用量请以文字为准。

目录

烹饪
小课堂 010

第一篇

工作日

吃饱才有力气工作

早餐　016

午晚餐　042

第二篇

休息日

忙碌一周，是该好好
犒劳自己的时候了

烹饪小课堂

 什么是"煎、炒、烹、炸、烤、蒸、煮"？

把油加热，只翻面不搅拌就是煎。

把油加热，翻拌食材就是炒。

油多火大，爆炒就是烹。

油多，漫过食材，就是炸。

直接用火，不用锅就是烤。

全部用水，水与食材隔开就是蒸。

不用油，全部用水漫过食材就是煮。

 为什么要"热锅冷油"？

干锅烧热，微微冒青烟的时候把油加进去，锅底
因为高温的原因会瞬间产生一层油膜，这个油膜
会一直在锅底，这基本上就"不粘锅"了。

食材烹饪前需要焯水吗？

草酸含量高或不易清洗的蔬菜需要提前焯水（如四季豆、扁豆、菠菜、竹笋、香椿、西蓝花、木耳等），焯水不仅能去除异味和有害物质，还能缩短烹调时间。

蔬菜焯水时加点盐和油可以让蔬菜色泽更加鲜艳，还能保持蔬菜的营养，使质地更脆嫩，减轻苦涩和辣味，还可以杀菌；肉类焯水可以去除血污及腥膻等异味。

煮肉为什么会柴？怎么变软？

煮肉又老又柴主要因为不同肉类的纤维粗细长短不同，与切割和烹煮方式都有关系。

煮肉软嫩的办法：

切肉时不同的肉类肌肉纹理不同，总结为"横切牛羊，竖切猪，斜切鸡"。"横切"即刀与肉的纹理呈90°角切割；"竖切"则为顺着肉的纹理切割。

焯水前，清洗浸泡时加少量食盐可以软化肉质。

焯水后，用温热水清洗浮沫避免肌纤维迅速收缩。

低温炖煮和尽可能早放盐也很有作用。

炒菜怎样不溅油？

炒之前尽量去除食材表面的水分，蔬菜洗好后控干水再下锅。
鱼和肉炒之前可用厨房纸巾吸干表面水分。
锅中油温过高时，要避免水滴入锅中。

如何煎一个完美的荷包蛋？

油温热了之后，捏一点盐撒进去，可以防止粘锅。
油烧至温热时放入鸡蛋，高油温会使蛋白焦煳而蛋黄不熟。
全程中小火，待底部蛋白完全凝固再翻面。

夹生饭还能抢救吗？

如果第一次米饭没有完全蒸熟，可以用筷子在米饭上多戳一
些小洞，再往小洞中倒入少量开水。重新焖煮 10 分钟可有
效去除夹生口感。

高筋、中筋和低筋面粉有什么区别?

面粉以面筋黏性和弹力不同，可区分为高、中、低筋面粉。蛋白质含量越高，面粉筋度越强，面制品弹力和延展性越好。那么三种面粉分别怎么用呢?

低筋面粉适合做饼干、蛋挞、点心等酥松型面点，如中式酥点、曲奇、苹果派等。

中筋面粉适合做大多数中式面食，如馒头、油饼、面条、饺子等。

高筋面粉适合做面包、少数糕点，如欧包、法棍等，做中式面条、饺子皮等也更加耐煮、更加筋道。

  **玉米淀粉、土豆淀粉、澄粉、豌豆淀粉有什么区别?**

玉米淀粉吸湿性强，黏性低，透明度低。油炸后口感较酥脆，所以油炸的菜肴通常都会加上玉米淀粉来挂糊。

土豆淀粉质地细腻、黏性强、透明度高。适合用来腌制各种肉类，可以锁住水分使口感滑嫩爽口。

澄粉即小麦淀粉，是一种无筋的面粉。常用来做一些广式点心，如水晶虾饺、青团、肠粉等。

豌豆淀粉黏性大、软硬适中。做出来的食物柔软又有韧性，凉皮、凉粉等一般都是豌豆淀粉做的。

第一篇
工作日

07:00

08:29

打卡成功
08:59

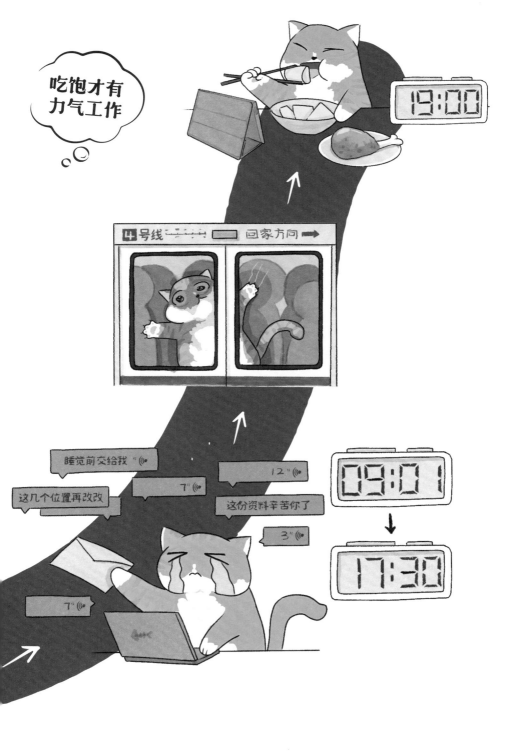

太阳蛋烤吐司

⏱ **制作时间：15 分钟**

食材

(1 人份)

无菌蛋 1 个

番茄酱 适量

火腿片 1~2 片

芝士碎 适量

吐司 2 片

做法

① 先把 1 片吐司抹上番茄酱，放上火腿片。

② 盖上另1片吐司，中间用勺子轻轻压出一个窝。

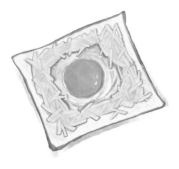

③ 周围放满芝士碎，把鸡蛋打入。

④ 放入预热好的烤箱，160℃烤8分钟即可。装盘后可以撒一点欧芹碎点缀调味。

唠唠叨叨

烤制时间和温度决定了鸡蛋的溏心程度和吐司硬度。烘烤时可以置于烤箱最下层，并用锡纸包裹。如果用空气炸锅，可以尝试180℃烤制12分钟。芝士碎可以用芝士片或沙拉酱代替。

鸡蛋酱三明治

⏰ **制作时间：15 分钟**

食材
（1人份）

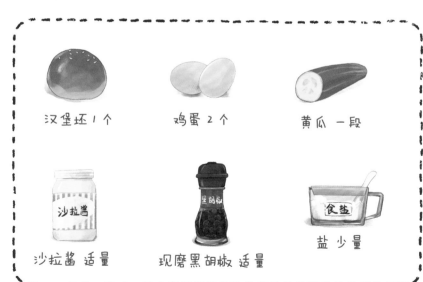

汉堡坯 1 个

鸡蛋 2 个

黄瓜 一段

沙拉酱 适量

现磨黑胡椒 适量

盐 少量

做法

① 把鸡蛋冷水煮熟去壳，黄瓜切丁备用。

② 将鸡蛋的蛋白、蛋黄分别压碎，撒入黄瓜丁。再加入适量沙拉酱、现磨黑胡椒和一点点盐搅拌均匀，制成鸡蛋酱。

③ 把汉堡坯从中间横切开，将搅拌好的鸡蛋酱均匀抹在中间即可。

茭瓜鸡蛋饼

⌛ 腌制时间：10 分钟
⏰ 制作时间：15 分钟

食材
(1 人份)

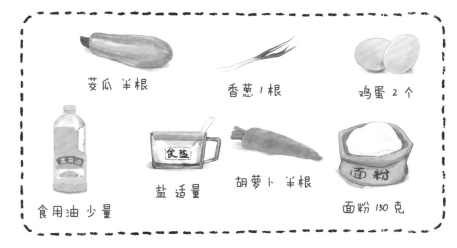

茭瓜 半根　　　　香葱 1 根　　　　鸡蛋 2 个

食用油 少量　　　盐 适量　　　胡萝卜 半根　　　面粉 150 克

做法

① 荚瓜和胡萝卜洗净，擦成细丝，加5克盐腌10分钟，杀出水分后挤干备用。香葱切成葱花。

② 往荚瓜丝和胡萝卜丝中加入面粉和鸡蛋，再缓慢加入凉水，搅拌成浓稠适当的面糊，撒入葱花和少量盐。

③ 中火热锅后倒入少量油，舀一勺面糊进去用锅铲抹平。待明显凝固后翻面再煎，反复煎至双面金黄即可。

唠唠叨叨

荚瓜就是西葫芦，
西葫芦就是荚瓜。
全程要小火慢煎，
面饼尽量薄一点儿。

花生酱西多士

⏰ 制作时间：15 分钟

厚切吐司 2 片

鸡蛋 1 个

牛奶 100 克

花生酱 适量

黄油 20 克

炼乳 适量

蜂蜜 适量

做法

① 在 1 片厚切吐司上涂抹花生酱和炼乳，放上另 1 片吐司，得到一个双层夹心吐司。

② 鸡蛋磕入牛奶，打散后搅拌均匀。把步骤①的双层夹心吐司放入碗中包裹蛋液。

③ 取大约 20 克黄油在锅中用小火化开，把步骤②包裹好蛋液的双层夹心吐司的每个面都用小火煎至金黄。出锅后根据口味，搭配黄油、蜂蜜等更加美味。

唠唠
叨叨

请确保吐司的每一个面都充分吸收蛋液。煎的时候可以借助食物夹等工具。

香煎葱花饼

🕐 制作时间：15 分钟

食材

（1 人份）

白芝麻 适量

手抓饼 1 张

食用油 适量

葱花 少量

酱油 少量

做法

① 在手抓饼的其中一面刷少量酱油，均匀撒少量葱花。

②把手抓饼卷起来，切成三段。

③把切好的卷饼，断面朝上分别压成小饼，表面撒少量白芝麻。

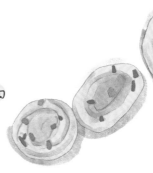

④锅中刷油，小火煎至两面金黄即可。

唠唠
叨叨

在手上抹一点食用油，可以防止卷饼时粘手。

香煎
土豆饼

⏳ 腌制时间：5 分钟

🕐 制作时间：20 分钟

食材

（1 人份）

土豆 2 个

土豆淀粉 15 克

食用油 适量

盐 3 克

葱花 少量

① 土豆洗净，擦成丝。

② 加入 3 克盐、15 克淀粉和少量葱花，腌 5 分钟。

③ 平底锅中加入适量油烧热，将搅拌好的土豆丝倒入锅中，用锅铲铺平。小火慢慢加热，上色之后翻面，两面都变成金黄色即可。

唠唠叨叨

土豆丝不用泡水，泡水后淀粉会流失，而失去软糯感。
全程小火，尽量把饼摊薄一些，不然为了把内心煎熟表面容易煳。
根据自己的口味搭配辣椒粉、孜然粉或番茄酱，口味更丰富。

金枪鱼饭团

⏰ 制作时间：20 分钟

食材

（1~2 人份）

熟米饭 300 克

金枪鱼罐头 80 克

拌饭海苔 20 克

芝士 1 片
（切成 4 小份）

照烧汁 30 克

沙拉酱 10 克

番茄酱 适量

做法

① 在预先准备好的米饭上摆好金枪鱼肉、海苔，或者其他食材（如甜玉米粒、青豆等），挤上沙拉酱。

② 把米饭抓拌均匀，平均分成 4 份，分别揉成大小一致的球形饭团。

③ 饭团刷上照烧汁，再盖上小片芝士，放进烤箱，180℃烤 10 分钟左右，取出后挤上番茄酱即可。

唠唠叨叨

为了节省时间，米饭可以提前一晚煮好，放进冰箱冷藏备用。

金枪鱼罐头分为油浸和水浸两种，有的还有辣味，可以根据自己的口味选择。

阳春面

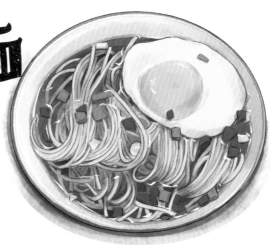

⏰ 制作时间：15 分钟

食材
(1 人份)

细挂面 120 克

鸡蛋 1 个

盐 少量

老抽 3 克

生抽 20 克

猪油 5 克

白砂糖 1 克

葱花 少量

白胡椒粉 少量

做法

① 起锅烧水至微微冒泡，打入 1 个鸡蛋，大火焖煮 3 分钟，得到一个荷包蛋备用。

② 在碗中放入生抽、老抽、猪油、白砂糖、少量盐和少量白胡椒粉，调成汤底备用。

③ 水开后，面条下锅煮 4~5 分钟，用面汤把调制好的汤底冲拌均匀。

④ 把煮好的面放入碗中，摆上荷包蛋，撒少量葱花即可。

唠唠叨叨

如果没有猪油，可用香油代替。

馒头丁鸡蛋饼

⏰ 制作时间：20 分钟

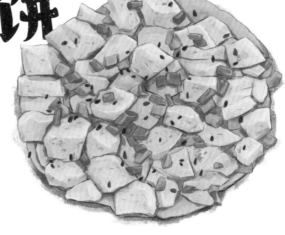

食材
（1 人份）

白馒头 1 个

鸡蛋 3 个

火腿肠 1 根

黑芝麻 适量

香葱 2 根

食用油 少量

盐 少量

① 馒头切成小块，火腿和香葱切丁备用。

② 不粘锅加入少量油，把馒头块用小火翻炒至焦黄，放入火腿丁继续翻炒一下。

③ 鸡蛋加少量盐搅拌均匀，慢慢地把蛋液淋在馒头锅中。

④ 撒上芝麻和提前切好的葱花，盖上锅盖小火焖熟即可。

唠唠
叨叨

鸡蛋液尽量包裹住每一个馒头块，这样凝固后才可以结成小饼。

芝士蛋包三明治

🕐 制作时间：15分钟

食材
（1人份）

吐司 1 片

鸡蛋 2 个

沙拉酱 少量

番茄 2 片

黄油 15 克

午餐肉 2 片

盐 少量

食用油 少量

① 平底锅倒油，小火烧热，把午餐肉两面煎熟备用。

② 小火使黄油化开，鸡蛋打散后加少量盐，倒入锅中摊成鸡蛋饼。把吐司对半切开，摆放在尚未凝固的蛋饼上。

③ 鸡蛋饼煎熟凝固后关火，把鸡蛋饼翻面，使带吐司的一面朝下。然后把鸡蛋饼四边内折，在其中一侧抹上少量沙拉酱，摆上番茄片和午餐肉。

④ 把带有吐司片的另一侧蛋饼折叠盖在午餐肉上，这样一个夹心三明治就完成啦！

唠唠
叨叨

在蛋饼上放吐司片时，间距可以宽一点（2厘米左右），方便对折。

松饼

⏰ 制作时间: 20分钟

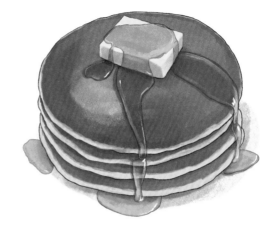

食材
(2人份)

鸡蛋 2 个

黄油 40 克

低筋面粉 200 克

牛奶 160 克

泡打粉 5 克

白砂糖 15 克

做法

① 面粉过筛，加入鸡蛋、牛奶、白砂糖和泡打粉。轻轻搅拌至细腻无干粉状态。

② 取 20 克黄油在室温下融化，加入步骤①的面粉糊中，搅拌均匀。

③ 冷锅小火，用剩余的凝固黄油在锅底擦一遍，用大汤勺盛 1 勺搅拌好的面糊摊入锅中。

④ 加热至面糊表面不断有小气泡冒出时翻面，煎到两面金黄即可。

唠唠
叨叨

小麦面粉有高筋和低筋两种，只有低筋面粉做出来的松饼才是柔软的，低筋面粉也叫蛋糕粉。

尽量选用不粘锅，一定要全程小火。

煎完一个松饼后，可以用湿巾擦拭一遍煎锅降温，再次擦黄油煎下一个。

制作好的松饼搭配蜂蜜和黄油非常美味，或者两片松饼中间夹上红豆沙就能变身为铜锣烧啦！

虾仁鲜肉小馄饨

⏰ 制作时间：20 分钟

食材
（2～3 人份）

鸡蛋 1 个

虾仁 250 克

猪肉馅 300 克

馄饨皮 500 克

盐 2 克

生抽 10 克

现磨黑胡椒 3 克

葱花 5 克

香菜 5 克

紫菜 10 克

香油 少量

食用油 10 克

做法

① 虾仁剁成小块颗粒，倒入猪肉馅里，加盐、生抽和食用油搅拌均匀后，打入1个鸡蛋，顺着一个方向搅拌3分钟左右至上劲。

② 将馅料放入馄饨皮中心，如图所示折叠后捏紧边缘，然后把两个边角捏在一起，得到元宝状的馄饨。

③ 锅中烧开水后，下入馄饨煮沸，加一次冷水，再次煮沸后捞入碗中，加入葱花、香菜、紫菜、黑胡椒粉，滴几滴香油即可。

唠唠叨叨

使用鲜虾一定要控干并吸干水分，以免馅料不容易成团。

平时可以多包点儿，生鲜冷冻起来随吃随取。

培根鸡蛋芝士卷饼

🕐 制作时间：15 分钟

食材

（1 人份）

全麦卷饼 1 张　　培根 2 片　　鸡蛋 1 个

芝士 2 片　　现磨黑胡椒 少量　　盐 少量　　食用油 少量

做法

① 平底锅热油，将培根煎熟后盛出备用。

② 鸡蛋加盐和黑胡椒，打散后倒入锅中，小火摊成蛋饼。

③ 在蛋液凝固前将卷饼盖在蛋饼上，煎熟后翻面。

④ 摆上芝士片和煎好的培根，将卷饼折叠起来，盖上锅盖，关火，用余温将芝士融化即可。

蒜香胡椒虾

⏳ 腌制时间：10 分钟
🕙 制作时间：10 分钟

食材

（2 人份）

鲜虾 300 克

蒜末 30 克

蚝油 5 克

生抽 5 克

黄油 15 克

白砂糖 3 克

现磨黑胡椒 适量

葱花 适量

盐 适量

做法

① 鲜虾清洗干净后剪掉部分虾头，去掉虾线，放入生抽腌制10分钟，擦干水分备用。

② 平底锅中放入黄油，小火使其化开，加入蒜末炒香，再放入鲜虾翻炒。

③ 虾壳微微变红后加入盐、蚝油、白砂糖和适量现磨黑胡椒，翻炒均匀，盛盘后撒上葱花即可。

唠唠叨叨

根据虾的大小，翻炒3~5分钟就可以了。

寿司卷

⏰ **制作时间：10 分钟**

四款寿司卷配方

三文鱼牛油果寿司卷
食材（1人份）

海苔片 1 张
寿司米饭 150 克
塔塔酱 适量
三文鱼 70 克
牛油果 40 克
鱼子酱 20 克

胡萝卜蟹柳寿司卷
食材（1人份）

海苔片 1 张
寿司米饭 150 克
蜂蜜芥末酱 适量
蟹柳 70 克
胡萝卜 40 克
黄瓜条 30 克

芝士香肠寿司卷
食材（1人份）

海苔片 1 张
寿司米饭 150 克
芝士片 适量
香肠 70 克
胡萝卜 40 克
黄瓜条 30 克

黄瓜牛肉寿司卷
食材（1人份）

海苔片 1 张
寿司米饭 150 克
芝麻沙拉酱 适量
熟牛肉 670 克
胡萝卜 40 克
黄瓜条 30 克

① 先在竹卷帘上放1张海苔片，再铺上一层寿司米饭，均匀铺开，用饭勺压平整。

② 在距离米饭下端1/3处抹上酱料（或铺上芝士片），再整齐摆好剩余的食材配料。

③ 大拇指放在卷帘下，另外四个手指握紧食材往前卷动，尽力往里收，全部卷起，收口向下。卷好后包裹2分钟再拆就不会散开了。

④ 切开之前用清水蘸湿刀刃，手指捏住寿司卷两侧，用前后推拉的锯切法可以形成平整的切面。

唠唠乀
叨叨乁

做寿司米饭时，米和水的比例为1:1.2，这样蒸出来的米饭软硬适中。

米饭蒸好后，拌入少量白醋和糖静置冷却，太热的米饭不容易铺在海苔上。

蒜香鸡翅

⏳ 腌制时间：2 小时
🕐 制作时间：20 分钟

食材
(2 人份)

鸡翅 400 克

生姜 4 片

大蒜 1 头

黄油 30 克

料酒 5 克

生抽 15 克

蚝油 5 克

现磨黑胡椒 少量

食用油 少量

① 把鸡翅洗净改刀后，放入生姜、料酒、10克生抽、蚝油、黑胡椒，抓拌均匀，腌制2小时。

② 平底锅中放入少量食用油，小火，将鸡翅煎至两面金黄后控油盛出备用。

③ 锅中放入黄油，小火加热至化开后，放入切好的蒜蓉和5克生抽，翻炒至金黄。

④ 将煎好的鸡翅放入盛有蒜蓉的锅中，翻炒均匀即可。

唠唠ㄣ
叨叨ㄟ

煎炒蒜蓉时全程小火，炒至稍微变色即可，火大了容易产生苦涩味道。

咖喱牛肉饭

⌛ 腌制时间：10 分钟
🕐 制作时间：40 分钟

食材
（2 人份）

牛肉 300 克

咖喱块 30 克

洋葱 40 克

胡萝卜 100 克

土豆 150 克

椰浆 30 克

盐 适量

现磨黑胡椒 适量

食用油 少量

① 牛肉切块，用现磨黑、胡椒和盐腌制 10 分钟，把锅烧热后加少量食用油，放入牛肉块中火煎 1 分钟左右，约八成熟盛出备用。

② 无须洗锅，加入切好的洋葱块爆香，加入切好的胡萝卜块和土豆块，翻炒均匀。

③ 锅中再次下入牛肉和适量清水，小火炖煮约 20 分钟，根据口味加适量盐。

④ 最后加入咖喱块和椰浆，继续炖煮 15 分钟，搭配米饭即可享用。

唠唠
叨叨

放入咖喱后无须盖锅盖，为了预防干锅要注意搅拌，煮至汤汁黏稠即可。

芝士牛肉卷

⏳ 醒发时间：45分钟
⏰ 制作时间：45分钟

食材
(1~2人份)

普通面粉200克

低筋面粉30克

肥牛 250克

酵母粉 3克

洋葱 40克

尖椒 1个

现磨黑胡椒 适量

食用油 35克

盐 2克

白砂糖 15克

芝士粉 10克

做法

① 将普通面粉、低筋面粉和酵母粉混合后，加入盐、白砂糖、20克食用油和大约150克清水搅拌，揉成光滑的面团后放入容器，封好保鲜膜，在大约35℃的环境下醒发半小时。

② 煎锅加入10克食用油，将提前切好的洋葱爆香后，放入切好的肥牛炒至变色，再放入切好的尖椒块翻炒，关火后撒适量黑胡椒，拌匀备用。

③ 把醒发好的面团分成3份，再静置10分钟。分别擀成长方形面皮，把步骤②中炒好的肥牛放在中间，再撒上芝士粉，把两头包裹好，小心地卷成肉卷。封好保鲜膜，在大约35℃的环境下再醒发15分钟。

④ 醒发好的肉卷去掉保鲜膜，表面刷一层食用油（约5克），放入预热好的烤箱，200℃烤15分钟即可。出锅后可以根据口味撒少量芝士粉（配方用量外）。

唠唠〵
叨叨〵

用手指轻轻按压醒发完的面团，表面出现按压的手指凹陷（不下落不回弹），就说明面团发酵成熟了。

韩式拌面

🕐 **制作时间：15 分钟**

食材

(1 人份)

鲜面条 150 克

韩式辣酱 25 克

香油 3 克

蚝油 10 克

蒜末 20 克

雪碧 15 克

拌饭海苔 20 克

白砂糖 15 克

白芝麻 少量

食用油 少量

① 清水煮沸后下入鲜面条，煮熟后过冷水沥干备用。

② 把韩式辣酱、香油、蚝油、白砂糖和雪碧混合拌匀备用。

③ 炒锅中加少量食用油，把蒜末爆香，放入步骤②调制好的酱料，小火煮至冒泡后加入面条，翻拌均匀后出锅装盘，根据口味点缀芝麻和海苔碎即可。

唠唠叨叨

面条煮熟过冷水，沥干后可以淋少量香油拌匀，这样炒制时就不会粘锅。

孜然羊肉盖浇饭

⌛ 腌制时间：30 分钟
⏰ 制作时间：20 分钟

食材
(2 人份)

羊肉（羊腿瘦肉）
500 克

香菜 3 根

香葱 3 根

生姜 20 克

洋葱 半个

辣椒粉 10 克

孜然粒 20 克

白芝麻 少量

酱油 15 克

料酒 15 克

盐 5 克

食用油 30 克

① 将羊肉剔除筋膜切成肉块或厚片，加入酱油、料酒和10克孜然粒，腌制30分钟。

② 锅中倒入20克食用油，油温加热至八成热时放入腌好的羊肉，快速翻炒至上色后盛出备用。

③ 切好葱花和姜丝，锅中放入10克食用油爆香后，再加入切好的洋葱丝翻炒。

④ 大火把洋葱丝翻炒至偏软变色后放入羊肉，再撒入10克孜然粒、辣椒粉和盐，翻炒均匀后加入香菜，撒少量白芝麻，出锅搭配米饭即可。

泰式菠萝炒饭

🕐 制作时间：30分钟

食材
(2人份)

菠萝 半个　　米饭 250 克　　鲜虾 70 克　　鸡蛋 2 个

腰果 10 克　　豌豆 30 克　　胡萝卜 30 克

食用油 适量

生抽 10 克　　蚝油 10 克　　咖喱粉 10 克

做法

① 鲜虾清洗干净，去除虾壳和虾线。平底锅热油，小火将虾仁煎至两面金黄，盛出备用。胡萝卜切丁。

② 用尖刀在菠萝中间划"井"字格，把果肉挖出，切成小块备用。

③ 鸡蛋搅拌均匀，倒入准备好的米饭中，抓拌均匀备用。

④ 锅中热油，把胡萝卜、豌豆翻炒变色后，放入步骤③的鸡蛋米饭，翻炒至颗粒分明。再加入生抽、蚝油和咖喱粉，把米饭翻炒均匀，放入腰果、虾仁和菠萝块，继续翻炒几下出锅即可。

唠唠
叨叨

菠萝外皮在不切破的情况下可以当作盛米饭的容器。一定要在最后米饭炒好后再放菠萝块，免得放太早进去流太多汁水使米饭变软。

花生酱意面

🕐 制作时间：15 分钟

食材

（1 人份）

意面 100 克　　花生酱 20 克　　生抽 10 克　　蚝油 10 克

陈醋 10 克　　白砂糖 3 克　　盐 少量　　橄榄油 少量

① 起锅烧水，放入少量橄榄油和盐，水开后下入意面，煮约10分钟，捞出沥水备用。

② 花生酱加入少量面汤化开后，放入生抽、蚝油、陈醋和白砂糖，搅拌均匀。

③ 把酱料淋在意面上搅拌均匀，即可开吃！

唠唠
叨叨

也可以适当搭配黄瓜、胡萝卜、西蓝花、小番茄……

黄焖鸡

⏰ **制作时间：40 分钟**

食材

(2 人份)

鸡腿 4 根　　青椒 1 个　　土豆 1 个　　洋葱 半个　　香菇 4 个

干辣椒 20 克　黄豆酱 20 克　白胡椒粉 5 克　　冰糖 25 克　　老抽 5 克

生抽 15 克　料酒 少量　　盐 5 克　　葱花、姜片、蒜末 各适量　　食用油 适量

① 把干辣椒切段，土豆切块备用。鸡腿洗净去骨后，鸡腿肉切块冷水下锅，加少量料酒，大火煮开后捞出。

② 小火热油，使冰糖化开后加入鸡腿肉，煎至双面金黄色，加入切好的葱花、姜片、蒜末和干辣椒，翻炒均匀。

③ 加入土豆块和香菇，翻炒一下，再放入生抽、老抽、黄豆酱和盐，翻拌均匀。

④ 加入清水没过食材，小火炖煮10分钟后放入切好的洋葱块和青椒块，再加入白胡椒粉继续焖煮，10分钟后转大火收汁即可。

唠唠
叨叨

根据个人口味调整盐和干辣椒的用量。

腊味煲仔饭

⧗ 浸泡时间：15 分钟
⏰ 制作时间：25 分钟

食材
(1 人份)

 老抽 3 克

 生抽 15 克

 蚝油 10 克

 香油 5 克

 大米 150 克

 广式腊肠 2 根

 小油菜 2 棵

 食用油 适量

 鸡蛋 1 个

 白砂糖 3 克

① 大米用冷水浸泡 15 分钟，小油菜洗净焯水，腊肠切斜片备用。

② 生抽、老抽、蚝油、香油和白砂糖混合搅拌，得到浇汁一份，备用。

③ 先把砂锅内壁刷一层食用油，放入泡好的大米，大火煮开后转小火焖煮 10 分钟左右，米汤快干的时候开盖放入腊肠。

④ 将腊肠铺在米饭上，盖上锅盖，沿着锅边缘淋一圈食用油（方便起锅巴），小火焖煮 5 分钟后再打入鸡蛋，放上小油菜继续焖煮 5 分钟后关火，最后淋上步骤②的浇汁即可。

唠唠叨叨

提前浸泡好的大米，吸水足不容易夹生（大米与水的比例约为 1 : 1.2）。
也可以用电饭锅做，但因为功率不同，所以需要持续多注意烹饪状态避免干锅。

照烧鸡腿

⧗ 腌制时间：30 分钟
⏰ 制作时间：20 分钟

食材
（1 人份）

鸡腿 300 克　　生抽 30 克　　蜂蜜 15 克　　清酒 30 克

白砂糖 10 克　　料酒 20 克　　土豆淀粉 少量　　生姜 适量

① 鸡腿去骨断筋后用牙签在鸡皮上扎几个洞，加入料酒和切好的姜丝腌制半小时。

② 碗中加生抽、蜂蜜、清酒、白砂糖和适量清水，搅拌均匀得到一份照烧汁。

③ 将腌制好的鸡肉裹少量淀粉，放入锅中小火煎至两面金黄。

④ 将照烧汁淋入锅中，转中小火收汁。收汁的过程中将锅底的照烧汁不断地淋在鸡肉表面以便入味，等照烧汁被鸡肉吸收得差不多、变得黏稠时出锅即可。铺到准备好的米饭上，一份照烧鸡腿饭便做好啦！

喵喵～叽叽～

鸡腿去骨后去掉多余的脂肪和筋膜，竖切几刀防止回缩，成品更好看。

寿喜锅

⏱ **制作时间: 25 分钟**

食材

(2~3 人份)

菌菇（香菇·
金针菇） 200 克

蔬菜（娃娃菜·
茼蒿） 300 克

肉类（肥牛·
丸子） 200 克

嫩豆腐 100 克

葱白 40 克

黄油 20 克

寿喜锅
酱汁 200 克

做法

① 食材清洗干净，把豆腐切块，蔥白斜切段不容易煮散，娃娃菜一片一片掰好备用。

② 小火热锅，然后加入一小块黄油，待黄油化开后，放入蔥白爆香。

③ 把肥牛片放入锅中翻炒，加入 20 克寿喜锅酱汁翻炒入味，关火。

④ 将其他食材依次整齐地摆放在锅中，加入剩余的寿喜锅酱汁和适量清水，小火加热煮熟即可。

唠唠叨叨

吃寿喜锅的绝配蘸料是一颗搅拌均匀的生鸡蛋，如果想尝试请一定要用无菌鸡蛋。

麻辣香锅

⏰ 制作时间：30 分钟

食材
(2~3 人份)

鱼豆腐 50 克

牛肉丸 50 克

开花肠 50 克

鱼卷 50 克

鲜香菇 40 克

藕片 40 克

西蓝花 40 克

鲜虾 6 只

香菜 20 克

玉米 1 根

火锅底料 1 块（80 克）

生抽 15 克

蚝油 10 克

豆瓣酱 25 克

食用油 适量

花椒 15 克

葱花 20 克

蒜末 20 克

白砂糖 20 克

① 蔬菜、丸子、鲜虾分别焯水，
捞出沥干备用。

② 锅中热油，放入葱花、蒜末
和花椒爆香，加入豆瓣酱和火锅
底料，小火翻炒出红油。

③ 将全部食材放入红油锅中大
火翻炒均匀，加入生抽、蚝油和
白砂糖翻炒均匀即可。

**唠唠
叨叨**

麻辣香锅的食材可以根据自己的食量和喜好调整，
比如，你也可以用鸡翅、肥牛、午餐肉、豆腐皮、
蟹棒和方便面……

红烧肉

🕑 **制作时间：80 分钟**

食材
(2~3 人份)

五花肉 500 克　　冰糖 20 克　　生姜 20 克　　干辣椒 1 个

桂皮 1 块

料酒 20 克　　生抽 30 克　　老抽 6 克

八角 1 个　　香叶 2 片　　葱花少量　　食用油少量

① 把生抽、老抽、10克料酒混合搅拌匀备用；五花肉切块。

② 把切好的肉块冷水下锅，加入切好的姜片和10克料酒，焯水后用清水洗一洗，去掉浮沫。

③ 锅中倒少量油，小火把冰糖翻炒至化开，放入肉块翻炒至微焦，再放入香料和干辣椒翻炒一下，加入步骤①备好的酱汁翻炒均匀。

④ 加入烧开的热水，没过肉块。中火煮15分钟，尝下汤汁不咸的话可以加点盐。大火继续炖煮30分钟至收汁出锅，出锅后撒点葱花即可（注意观察不要烧干锅）。

唠唠叨叨

五花肉切块前可以先焯一下热水，切的时候方便定形。加热冰糖时要用小火并控制好时间，火大了容易炒焦发苦！

香肠比萨

⌛ 发酵时间：30～60 分钟
⏰ 制作时间：40 分钟

食材
(1～2 人份)

高筋面粉 400 克

酵母粉 4.5 克

白砂糖 10 克

盐 4 克

黄油 30 克

比萨酱 适量

小番茄 150 克

马苏里拉芝士碎 100 克

萨拉米香肠 150 克

① 把高筋面粉、白砂糖、盐和酵母粉混合均匀，加入 250 克温水（30~36℃）搅拌揉面，再加入融化好的黄油，揉成光滑面团，用保鲜膜包裹，放置在常温下静置发酵，待体积膨胀至 2 倍大小（根据室温不同需要 30~60 分钟）。

② 把面团平均分割成 4 份，揉捏排气后擀成圆饼（面饼的周边可以使面厚一些），用叉子扎满小孔，避免烤制时膨胀，放入烤箱，上下火 185℃ 烤制 5 分钟定形。

③ 比萨饼皮冷却后，涂抹一层比萨酱，铺满芝士碎，再摆上切好的小番茄片和香肠片。

④ 烤箱预热好，放入比萨，上下火 180℃ 烤制 15 分钟即可。

 唠唠叨叨

面粉配料可以制成 4 张 8 英寸的比萨饼。多余的比萨饼在烤制定形后可以冷冻储藏，方便以后制作。

部队火锅

🕐 **制作时间：30 分钟**

食材
(2～3 人份)

火锅丸子（牛肉丸、千页豆腐、鱼籽烧、鱼卷、蟹排、鱼籽包）260 克

辣白菜 100 克

泡面（辛拉面）1 包

食用油 少量

韩式辣酱 15 克

午餐肉 200 克

嫩豆腐 100 克

藕片 100 克

葱花 15 克

芝士 2 片

鲜香菇 50 克

白菜 300 克

洋葱 30 克

生抽 15 克

做法

① 韩式辣酱、生抽混合拌匀，泡面调味料也可以加进去。洋葱切丝。

② 锅中倒少量油，放入葱花和洋葱炒软，再加入辣白菜，翻炒出香气后关火。

③ 在锅中摆进除泡面和芝士之外的食材，浇上步骤①调制好的辣酱，倒入适量清水炖煮。

④ 煮10分钟后加入泡面与芝士片，继续煮5分钟，撒上少许葱花（配方用量外）即可。

唠唠叨叨

配菜可以根据自己的喜好添加，比如荷包蛋、炒年糕、肥牛卷、金针菇……

火鸡面

🕐 制作时间：15 分钟

 **食材**

(1 人份)

火鸡面 500 克

牛奶 200 克

鸡蛋 1 个

芝士 1 片

做法

① 鸡蛋冷水下锅，根据个人喜好煮 1 个鸡蛋备用（荷包蛋也行）。

② 另起一锅水，煮开后下入面饼，大火煮约5分钟。

③ 把煮面的水倒掉，加入牛奶。小火煮开后加入火鸡面的辣酱包，搅拌均匀。

④ 再盖1片芝士，撒上海苔芝麻（火鸡面自带），盖上盖子小火焖1分钟，最后摆上鸡蛋就可以享用啦！

唠唠
叨叨

溏心蛋的简单做法：鸡蛋冷水下锅，水沸腾后关火，盖上盖子闷6分钟，出锅后放入冷水中冷却一下。这样煮出的鸡蛋蛋白会完全凝固，蛋黄也基本凝固，但中间仍然有点溏心。如果喜欢吃全熟的鸡蛋请耐心再多煮约3分钟。

话梅雪碧排骨

🕐 制作时间：50分钟

食材
(2~3人份)

肋排 500 克

话梅 10 颗

雪碧 300 克

料酒 15 克

生抽 20 克

老抽 5 克

食用油 少量

生姜 5 片

香叶 2 片

八角 1 个

做法

① 肋排清洗干净，切块。

② 切好的肋排冷水下锅，加入料酒和 3 片生姜，焯熟备用。

③ 炒锅加少量食用油，将剩余姜片爆香，下入肋排煎至双面焦黄。

④ 往锅中放入生抽、老抽、香叶、八角、话梅、雪碧和适量清水，大火煮开后转小火炖煮 30 分钟至收汁即可。

唠唠╱
叨叨╲

选用的话梅可以酸一些。
根据喜欢的口感可灵活调整雪碧用量，也可换成可乐。

肉酱意面

食材
(1～2 人份)

意面 150 克　　肉末 200 克　　番茄 2 个　　橄榄油 10 克

洋葱 半个　　大蒜 3 瓣

番茄酱 40 克　　盐 10 克　　欧芹碎 适量　　现磨黑胡椒 适量

黄油 40 克

① 锅中清水煮沸，加5克盐和少量橄榄油，放入意面煮8~12分钟后捞出沥干，再加入剩余橄榄油，搅拌均匀防止粘连，盛盘备用。

② 番茄划十字刀，用开水烫一下去皮，将洋葱和番茄切丁，大蒜切成蒜末。

③ 平底锅放入20克黄油，待化开后放入肉末，翻炒至变色后盛出备用。炒锅把另外20克黄油融化后爆香洋葱丁和蒜末，放入番茄丁翻炒均匀后加入一小碗水，待番茄煮软后放入炒熟的肉末，再加入番茄酱和5克盐、黑胡椒、欧芹碎调味。

④ 将步骤③炒好的肉酱加入盛有意面的盘中即可，有条件的话可以加点罗勒叶和芝士粉点缀。

生菜卷

🕐 制作时间：30 分钟

食材
(1~2 人份)

土豆 1 个

胡萝卜 1 个

生菜叶 4~6 片

蒜末 30 克

鸡蛋 2 个

辣椒粉 适量

生抽 10 克

香醋 10 克

白芝麻 适量

食用油 适量

① 调制蘸料：先将蒜末、辣椒粉和白芝麻放入碗中，淋上热油爆香，再加入生抽、香醋，搅拌均匀。

② 把鸡蛋煎成蛋饼后切成细丝，胡萝卜和土豆清洗干净后也分别擦成细丝。

③ 锅中倒入清水煮沸，放入生菜叶烫30秒盛出备用，然后分别把胡萝卜丝和土豆丝烫熟（2~3分钟）。

唠唠叨叨

④ 把鸡蛋丝、胡萝卜丝和土豆丝用生菜叶包裹好，吃的时候蘸上步骤①调好的蘸料即可。

生菜叶可以选用瘦长形的罗马生菜，更方便包裹。

可乐鸡翅

🕐 **制作时间：30 分钟**

食材

(2~3 人份)

鸡翅 500 克

料酒 20 克

可乐 250 克

生姜 3 片

生抽 15 克

老抽 10 克

白芝麻 少量

食用油 适量

① 锅中放入鸡翅，加入料酒、姜片和清水，中火煮沸，去除浮沫后捞出备用。

② 起锅烧油，中火将鸡翅煎至两面金黄，然后加入生抽和老抽，翻炒均匀。

③ 最后倒入可乐，盖上盖子小火焖煮 10 分钟左右，大火收汁装盘，撒上白芝麻即可。

芥末虾球

⧗ 腌制时间：10 分钟

⧗ 制作时间：15 分钟

食材
（1~2 人份）

鲜虾 500 克

柠檬 半个

鸡蛋 1 个

盐 2 克

蛋黄酱 20 克

玉米淀粉 适量

食用油 适量

芥末酱 3 克

白胡椒粉 适量

① 鲜虾去壳，从背部开刀取出虾线。加入盐、白胡椒粉，挤上柠檬汁后抓拌均匀，腌制10分钟。

② 磕1个鸡蛋，取蛋黄加入腌制好的虾仁中，抓拌均匀，再将虾仁裹上一层玉米淀粉。

③ 锅中放入适量食用油，中火烧至油冒小泡，将虾仁放入锅中，煎炸约3分钟至两面金黄，就可以取出了。

④ 蛋黄酱与芥末酱混合，调拌均匀。蘸上酱料就可以开吃啦！

金汤肥牛

🕐 制作时间: 25 分钟

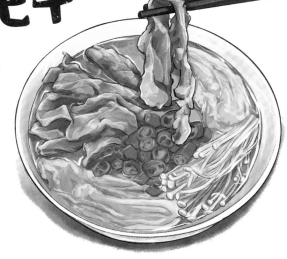

食材
(1~2 人份)

肥牛 200 克

娃娃菜 200 克

金针菇 80 克

黄灯笼辣
椒酱 35 克

葱花·蒜末 各 20 克

生姜 10 克

食用油 适量

盐 适量

青·红小米辣 5 克

蚝油 10 克

生抽 10 克

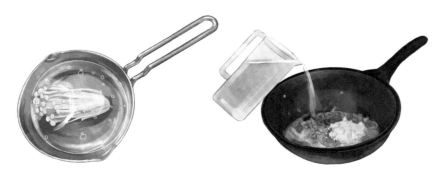

① 锅中加水煮沸，放入清洗好的金针菇，焯3分钟捞出。肥牛也焯熟备用。姜切丝；小米辣切段。

② 制作金汤：另起一锅，热油后加葱花、姜丝、蒜末、小米辣、黄灯笼辣椒酱、蚝油（预留少许葱花、蒜末和小米辣），翻炒后加入5克盐和少量清水，煮沸关火（根据自己的口味可以适量加醋）。

③ 在锅中放入娃娃菜、金针菇和生抽，再小火焖煮至蔬菜变软后铺上备好的肥牛，关火。

④ 在肥牛上撒点蒜末、葱花、小米辣，烧好热油淋在上面，刺的一声，酸辣爽口的酸汤肥牛就做好了。

番茄炖牛腩

🕐 **制作时间：100 分钟**

食材
(1~2 人份)

牛腩 500 克　番茄 2 个　土豆 1 个　冰糖 20 克　生姜 7 片

生抽 10 克　老抽 5 克　香叶 2 片　盐 3 克

蔥段 7 段　桂皮 1 段　食用油 少量

做法

① 牛腩切块，加 4 段蔥段和 4 片姜，冷水下锅焯水，撇去浮沫捞出，用温热水清洗干净。番茄去皮分别切成番茄块和番茄丁备用。

②桂皮、香叶、3段葱段、3片姜、生抽和老抽混合，搅拌得到一份调料汁。

③锅中放油，加入冰糖，小火化开后，加入牛腩块翻炒均匀，再加入番茄丁翻炒出汁，最后倒入调料汁拌匀。

④加入适量开水大火煮开，小火焖煮60分钟，放入切好的土豆块和番茄块，继续小火焖煮20分钟。出锅前撒上盐和葱花（配方用量外）即可。

唠唠叨叨

全程小火焖煮，每隔15分钟翻拌一次，防止粘锅。
牛肉焯水后，清洗时需用温热水，这样能保持口感软嫩。
如果中途加水，一定要用热水，防止牛肉变硬。

辣炒花蛤

🕐 **制作时间：20 分钟**

 食材
(1~2 人份)

蛤蜊 500 克

啤酒 150 克

蔥花 20 克

干辣椒 1 个

生姜 10 克

大蒜 25 克

食用油 适量

① 新鲜蛤蜊用清水揉搓干净，控干水分备用。生姜切丝，大蒜切末。

② 炒锅中火加食用油，把葱花、姜丝、蒜末和干辣椒爆香后放入蛤蜊。

③ 把蛤蜊连续翻炒至贝壳开口，倒入啤酒，盖上锅盖焖煮5分钟左右即可。

唠唠叨叨

新鲜的蛤蜊肉汁鲜美，可以不用加盐和其他调料。啤酒经过炖煮加热把酒精完全挥发，会剩下淡淡的麦芽香。

地三鲜

🕐 **制作时间：30分钟**

食材
（1~2人份）

茄子 150 克

土豆 150 克

青椒 150 克

蒜末 10 克

葱花 10 克

生抽 15 克

醋 10 克

食用油 适量

盐 5 克

玉米淀粉 适量

白砂糖 10 克

做法

① 土豆、茄子、青椒切滚刀块，撒入适量玉米淀粉，翻拌均匀备用。

② 将生抽、醋、白砂糖、5 克玉米淀粉和 30 克清水混合，调成糖醋汁备用。

③ 锅中倒入适量食用油，中火烧热后，分别将土豆、茄子、青椒炸熟，盛出备用。

④ 炒锅中留少量油，将蒜末、葱花爆香后，放入糖醋汁、土豆、茄子、青椒和盐翻炒均匀，装盘点缀葱花即可。

酸辣汤

🕒 制作时间: 30 分钟

嫩豆腐 180 克

干木耳 10 克

番茄 1 个

鲜香菇 40 克

火腿 60 克

葱花 20 克

老抽 5 克

金针菇 50 克

鸡蛋 1 个

生抽 10 克

白胡椒粉 5 克

玉米淀粉 10 克

陈醋 10 克

食用油 少量

盐 3 克

香菜 适量

做法

① 先做一碗料汁：生抽、陈醋、白胡椒粉、老抽和盐混合搅拌均匀备用。豆腐、火腿和泡发好的木耳切丝；香菇切片；番茄去皮切丁备用。

② 锅中放少量油，小火把番茄丁炒软，然后加入1000克清水煮沸，把火腿、木耳、香菇、金针菇放入锅中。

③ 等锅中的汤水再次煮沸后放入豆腐丝，淋上料汁搅拌均匀。淀粉用少量清水搅拌后倒入锅中。

④ 沸腾后从高处慢慢淋入打散的蛋液，再撒上切好的葱花和香菜即可。

"吃货"小剧场

做饭一小时

吃饭十分钟

刷碗半小时

今天看什么剧呢…… 找到了！

别人一赌气就不吃饭
我一赌气也就吃四大碗

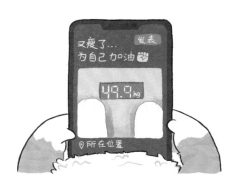

这一刻的想法⋯⋯⋯

世界上最大的谎言
"我不吃"

今天到底选哪一本呢？

你喜欢什么颜色？

我喜欢红色。

我喜欢蓝色，
海洋的颜色。

我喜欢黄色，丰收的季节。

我就喜欢酸辣粉，
能加点肥肠不？

研读"武功秘籍"

"吃货"征服世界

第二篇
休息日

11:00

11:30

13:00

地摊烤肠

🕐 制作时间：25分钟

香肠4根

白芝麻 适量

白砂糖4克

番茄酱 20克

孜然粉 5克

五香粉 5克

辣椒粉 5克

豆瓣酱 20克

食用油 适量

做法

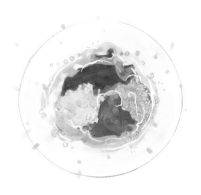

① 番茄酱、豆瓣酱、孜然粉、辣椒粉、五香粉、白芝麻混合搅拌，滚烫的热油淋在上面拌匀，加入白砂糖，得到一份酱料汁。

② 香肠斜着划上几刀，可以适当深一点但是不要切断。

③ 食用油中火加热，转小火将香肠炸至表皮焦黄开花。

④ 炸好的香肠小心地穿上竹扦，刷上步骤①的酱料汁，再点缀白芝麻即可。

酸辣柠檬凤爪

食材
(2~3人)

⌛ 腌制时间：5小时
⏰ 制作时间：25分钟

鸡爪 500 克　柠檬 1 个　小米辣 3 个　青花椒 2 克

生姜 5 片　葱段 3 段　葱花 10 克　大蒜 20 克

姜丝 5 克　白砂糖 10 克

生抽 80 克　香油 15 克　盐 2 克　香菜（可选）适量

做法

① 鸡爪切去趾甲清洗干净，冷水下锅后加入葱段和姜片，水开后再煮15分钟。煮熟后将鸡爪捞出放入冷水中，洗掉表面多余胶质，冷却后沥干备用。

② 大蒜、小米辣、香菜（可选）全部切丁备用。

③ 将葱花、蒜末、姜丝、青花椒、生抽、香油、白砂糖、盐混合，搅拌均匀得到酱汁。

④ 鸡爪挤入半颗柠檬汁，加入小米辣、香菜和步骤③调制好的酱汁搅拌均匀，放入冰箱冷藏腌制3小时，然后放入另外半个切片的柠檬继续冷藏腌制2小时即可。

唠唠叨叨

腌制的过程中需要多次翻拌，才能入味均匀。柠檬片晚点放是为了保持香气和口感，口味不够酸的可以适当加点香醋。

照烧鸡肉丸

⏰ 制作时间：40 分钟

 食材

（1～2 人份）

鸡胸肉 250 克

嫩豆腐 100 克

白芝麻 适量

玉米淀粉 30 克

料酒 10 克

蜂蜜 20 克

现磨黑胡椒 适量

蚝油 15 克

生抽 40 克

老抽 10 克

盐 2 克

食用油 适量

① 鸡胸肉剁成泥，用刀背多拍打可以更有嚼劲。在肉泥中加入豆腐、20克生抽、15克玉米淀粉、盐和现磨黑胡椒，抓拌均匀，攒成肉球。

② 制作照烧汁：将20克生抽、料酒、老抽、蚝油、蜂蜜、15克玉米淀粉和适量清水混合搅拌均匀。

③ 锅中烧水，待水温变热有气泡产生，把生肉丸小心放入锅中，煮熟后捞出备用。

④ 锅中热油，把煮好的肉丸放入煎锅后淋上照烧汁，中火煮沸，大火收汁至浓稠，撒点白芝麻出锅即可。

唠唠
叨叨

条件允许的话可以在肉丸煮熟后穿上竹扦。

牛油果塔塔酱

⏰ 制作时间：20 分钟

食材
(2~3 人份)

牛油果 2 个 　　　　番茄 1 个 　　　　洋葱 1 个

小米辣 1 个 　　　　现磨黑胡椒 适量 　　　柠檬半个 　　　盐 适量

做法

① 牛油果去皮去核，切片后放入碗中碾压成泥。

② 把番茄、洋葱、小米辣分别切成细丁，放入牛油果泥中搅拌均匀。

③ 最后加入压榨好的柠檬汁（约10克）、盐和现磨黑胡椒拌匀，搭配玉米片食用即可。

唠唠叨叨

塔塔酱是一款西式经典调味料，可搭配薯片、炸鸡、玉米饼、三明治、沙拉等。

成熟的牛油果表皮呈黑褐色，果肉偏软容易碾压成泥。

根据个人口味，如果不喜欢辣味可以尝试将辣椒换成芥末酱。

五香
茶叶蛋

⏰ 制作时间：60 分钟

食材

鸡蛋 10 个

冰糖 20 克

八角 3 个

香叶 3 片

老抽 25 克

生抽 15 克

桂皮 3 小段

盐 15 克

红茶 10 克

做法

① 鸡蛋清水洗干净，冷
水下锅，开锅后小火煮
8 分钟，出锅冷却。

②熟鸡蛋逐一敲碎（不要怕它疼可以多敲几下，裂纹越多越容易入味）。

③将红茶直接放入锅中炒出茶香味后放入鸡蛋，加入清水没过鸡蛋表面，再放入桂皮、香叶、八角、冰糖、盐、生抽和老抽。

④大火煮开转小火焖煮半小时。关火后浸泡一夜入味更佳。

唠唠叨叨

红茶也可以换成绿茶、乌龙茶、普洱茶、铁观音等，味道和香气也不同。

奶香土豆泥

🕐 制作时间: 30 分钟

食材
(1~2 人)

土豆 2 个　　　　盐 6 克　　　　黄油 10 克

牛奶 20 克　　现磨黑胡椒 1 克　　蚝油 10 克　　玉米淀粉 10 克

做法

① 土豆洗净去皮，切成片。

② 土豆上锅大火蒸15分钟，熟透后碾压成泥，加入牛奶和3克盐，翻拌均匀呈丝滑状。

③ 锅中小火使黄油化开，加入蚝油、3克盐、现磨黑胡椒和半碗清水，煮开后倒入稀释好的淀粉，搅拌至汤汁浓稠后，出锅淋在土豆泥上就可以享用啦！

唠唠叨叨

玉米淀粉和土豆淀粉的区别：玉米淀粉油炸之后颜色金黄，而且口感非常酥脆，所以非常适合油炸的时候用来挂糊。但是它的透明度和黏性都不太好，所以不太适合用来勾芡。

土豆淀粉正好相反，透明度和黏性都非常好，所以非常适合用来勾芡，黏稠、透明、有光泽。也非常适合用来腌制各种肉类，可以锁住肉中的水分，所以用土豆淀粉腌过的肉会非常滑嫩好吃。

糖渍
金橘

⏰ **制作时间: 45分钟**

食材

(可制作 40 ~ 50 颗, 品种和大小不同, 数量有所出入)

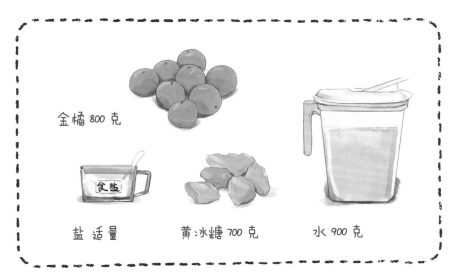

金橘 800 克

盐 适量　　黄冰糖 700 克　　水 900 克

做法

① 金橘用盐搓洗干净表皮后沥干，对半切开。

② 锅中加入水和黄冰糖，大火烧开后放入金橘，转小火，盖上锅盖焖煮。

③ 锅内的水有收干的迹象后要开始进行搅拌，不停地搅拌直至水分收干即可。

唠唠
叨叨

糖渍金橘是止咳化痰必备良品，可用来泡茶、煮菜、搭配点心或直接食用。

存放方法：玻璃罐用开水消毒后沥干水分，糖渍金橘趁热装瓶密封冷藏保存。切记每次取的时候要用干净无油无水的勺子。

烤南瓜

⏰ **制作时间：30 分钟**

食材

（1~2 人份）

贝贝南瓜 2 个

胡萝卜 1 个

盐 适量

橄榄油 20 克

现磨黑胡椒 适量

做法

① 将南瓜和胡萝卜洗净沥干。

② 南瓜去子切成月牙形，胡萝卜切片备用。

③ 南瓜、胡萝卜加橄榄油和盐搅拌均匀。

④ 烤箱预热至 180℃，将南瓜和胡萝卜放入烤箱，上下火烤制约 20 分钟，从烤箱取出后撒上现磨黑胡椒即可。

唠唠叨叨

如果使用空气炸锅，温度设定为 180℃，根据切块大小烤制 16～20 分钟即可。

草莓酸奶慕斯

⏳ 冷藏时间：3 小时

⏰ 制作时间：25 分钟

食材

（1~2 人份）

酸奶 200 克

牛奶 250 克

燕麦片 50 克

曲奇 85 克

吉利丁片 15 克

草莓 10 个

白砂糖 15 克

做法

① 把6个草莓切丁，与酸奶和燕麦片碎混合，搅拌均匀备用。

② 吉利丁片用冷水浸泡15分钟，变软后沥干，放入200克牛奶，中小火（温热）搅拌均匀后加入白砂糖。

③ 把步骤①拌好的酸奶燕麦和步骤②的牛奶吉利丁液混合搅拌。

④ 把曲奇碾碎，加入50克牛奶搅拌松散，放入6英寸活底模具压紧压实。把步骤③的混合物倒入模具中，放入冰箱冷藏3小时。脱模后把剩下的草莓对半切好摆放在慕斯上就大功告成啦！

唠唠叨叨

想让慕斯达到淡粉色可以加入碾碎的草莓汁。脱模时可用吹风机微微加热模具外围或用热毛巾敷一下。

虾仁烤蛋

⏰ 制作时间：25 分钟

食材

（1~2 人份）

鸡蛋 4 个

鲜虾 4 个

葱花 适量

生抽 8 克

食用油 12 克

① 鲜虾清洗干净，去壳去虾线备用。

② 4 个锡纸碗中分别打入 1 个鸡蛋（不用搅拌）。碗中再分别加入 1 个虾仁、3 克食用油、2 克生抽、葱花。

③ 放入空气炸锅，180℃烤制 10~15 分钟即可。

唠唠叨叨

根据自己口味，在烤制前加上少量蒜蓉辣酱，味道也很不错哦！

红豆双皮奶

⧗ 冷藏时间: 4 小时

⧗ 制作时间: 40 分钟

食材

（1~2 人份）

牛奶 450 克

蛋清 80 克
（约 2 个鸡蛋量）

白砂糖 30 克

蜜豆 50 克

做法

① 牛奶倒入碗中，隔水蒸 15 分钟，去除浮沫，冷却后会形成第一层奶皮。

② 待冷却后揪起奶皮，把牛奶倒出来，最后留一点牛奶在碗底，避免奶皮粘在碗上。

③ 蛋清加入白砂糖，打散后倒入牛奶中充分搅匀，过筛后再小心倒入有奶皮的碗中，这样第一层奶皮就顺利浮了起来。

④ 盖上保鲜膜，隔水蒸15~20分钟，冷却后会形生第二层奶皮。放入冰箱冷藏4小时，再放上蜜豆即可。

唠唠
叨叨

为了实现两层奶皮，可以选用脂肪含量高一些的牛奶，或者适当加一点淡奶油。

红豆沙青团

食材

（可制作 20~25 个）

🕐 制作时间：80 分钟

鲜艾草 200 克

澄粉 60 克

糯米粉 300 克

红豆沙 500 克

白砂糖 50 克

玉米油 100 克

苏打粉 1 克

做法

①水煮沸后放入新鲜艾草叶和苏打粉（使蒸好的青团颜色鲜亮）煮2分钟，过冷水后挤干水分，放入料理机加适量清水打成艾草泥。

② 澄粉加入 100 克沸水后用筷子搅拌烫开备用。糯米粉、玉米油、白砂糖和步骤①的艾草泥（250 克）搅拌均匀后，加入烫好的澄粉均匀揉成面团。

③ 面团等分成 35 克一份，把 25 克红豆沙包入面皮，轻轻搓成圆球，收口朝下摆放。

④ 蒸锅烧开后，青团全部放入锅中蒸 10~12 分钟即可。

唠唠叨叨

澄粉又叫作小麦淀粉，做冰皮月饼、肠粉都少不了它。

吃不完的青团可以刷一层薄薄的食用油，再用保鲜膜包裹好冷藏储存，下次食用前蒸一下即可。

250 克艾草加 50 克清水可以制作 250~300 克的艾草泥，榨汁完成后如果水分太多呈汁状，需用手挤一下去掉多余水分，取用湿润状态的艾草泥。

绿豆牛乳冰沙

⧗ 冷冻时间：1 小时以上

⏰ 制作时间：40 分钟

食材

（可制作2~3杯）

绿豆 150 克

炼乳 20 克

牛奶 60 克

冰糖 50 克

冰块 适量

※ 1hr +

① 绿豆清洗干净后沥干，放入冰箱冷冻1小时以上。

② 将冷冻的绿豆放入锅中，加水小火煮半小时左右，煮至绿豆出沙。

③ 绿豆煮好后，取一半放入料理机中，加入冰糖、炼乳、牛奶和冰块，打碎成沙团。在杯底放入少量没有打碎的绿豆沙，然后倒入打碎好的绿豆沙即可。

唠唠
叨叨

将绿豆提前冷冻是为了煮制时更好开沙。

姜柠茶

⏰ **制作时间: 10 分钟**

食材

(可制作1杯)

生姜 6 片

柠檬 4 片

蜂蜜 10 克

薄荷叶 适量

冰块 少量

做法

① 3片柠檬和4片生姜放入料理机，再加入少量温水，打碎后过滤残渣，得到一份柠檬生姜汁备用。把1片生姜切丝。

② 杯中加入姜丝、少量冰块、1片柠檬和1片姜，再倒入柠檬生姜汁和蜂蜜，搅拌一下。

③ 杯子中加满温水，点缀几片薄荷叶即可享用。

海盐茉莉拿铁

🕐 制作时间：15 分钟

食材
（可制作1杯）

茉莉花茶 3 克

浓缩咖啡液 20 克

牛奶 60 克

淡奶油 20 克

糖浆 10 克

海盐 2 克

冰块 适量

做法

① 茉莉花茶用 85℃热水冲泡
3~5 分钟，过滤掉茶叶后得
到一份茶汤，冷却备用。

② 在玻璃杯中加入适量冰块，
把牛奶、淡奶油、糖浆、海盐和
60 克茶汤依次倒入，搅拌均匀。

③ 最后把浓缩咖啡液加入杯中即可，也
可撒些茉莉花茶稍作点缀。

唠唠
叨叨

虽然这里做的是冰饮，但热饮也同样好喝。

山药花生杏仁露

⧗ 浸泡时间：1 小时以上

⧗ 制作时间：30 分钟

食材

（可制作1～2杯）

山药 100 克

黄豆 25 克

花生 15 克

南杏仁 15 克

黄冰糖 20 克

做法

① 先把黄豆、花生、南杏仁清洗干净，分别浸泡1小时以上。

② 山药去皮切块，清洗干净。

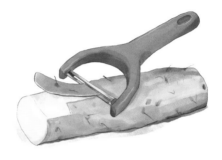

③ 把全部食材（黄冰糖提前敲碎成小块）放入豆浆机中，加入约800克清水，选用豆浆模式料理即可。

唠唠叨叨

处理山药时最好戴上一次性手套，避免皮肤接触到山药黏液后发痒。

也可以选择破壁机加清水，打碎后过筛，用锅小火加热即可。

西柚桃桃冰茶

⏰ 制作时间：15分钟

食材
（可制作1杯）

西柚 50 克

水蜜桃 80 克

柠檬 20 克

糖浆 20 克

乌龙茶 3 克

冰块 适量

① 取约 3 克乌龙茶，用 85℃热水冲泡 8 分钟，滤掉茶叶后取 100 克茶汤。

② 切 1 片西柚备用，剩下的西柚和水蜜桃去皮，果肉切块，柠檬切片。

③ 把西柚、水蜜桃果肉和柠檬片放入容器中，用捣碎棒碾压榨汁，放入糖浆和乌龙茶汤，搅拌均匀。

④ 杯中放入 1 片西柚和适量冰块，把步骤③搅拌好的果茶汁滤掉杂质倒入即可。

柑橘冰沙

⧖ 冷冻时间：3~4 小时
🕐 制作时间：40 分钟

食材
（1~2 人份）

柑橘肉 400 克

酸奶 350 克

炼乳 30 克

白砂糖 15 克

淡奶油 80 克

做法

② 把搅打好的果泥倒入冰格，放进冰箱冷冻至成硬块。

① 柑橘去皮，果肉切成小块，连同酸奶和炼乳一起放入破壁机中，搅打成果泥（预留少量果肉）。

④ 取一部分冷冻好的果泥放入料理机中，打碎成冰沙放入碗底，周围摆放一些没有打碎的果泥冰，顶端淋上步骤③打发好的淡奶油，再点缀少量预留的新鲜果肉碎即可。

③ 淡奶油倒入碗中，加入白砂糖，打发至坚挺备用。

唠唠叨叨

根据季节把柑橘换成其他水果，味道也很不错哦。比如杧果、橙子、草莓、西瓜……

莫吉托

🕐 **制作时间：10 分钟**

 **食材**
（可制作1杯）

白朗姆酒 50 克

黄柠檬 1 个

糖浆 20 克

苏打水 适量

冰块 适量

青柠檬 1 个

薄荷叶 适量

做法

① ② ③ ④

① 先把青柠檬切成 5 个青柠角，将 4 个放入杯中（留 1 个备用），用捣碎棒碾压出果汁，放入糖浆，挤入约 20 克黄柠檬汁。

② 把薄荷叶放入手心轻拍一下，激发香味后放入杯中，再用捣碎棒轻轻碾压几下。

③ 加入白朗姆酒和适量碎冰（将冰块提前捣碎），倒入苏打水至八分满后轻轻搅拌均匀。

④ 插 2 支吸管至杯底后，铺满碎冰，摆上薄荷叶和青柠角点缀即可。

唠唠
叨叨

问：为什么要插 2 支吸管？

答：碎冰调制的鸡尾酒，用 2 支吸管一起吸可以保证饮用得更加顺畅。在冰块融化前请尽快喝完。

145

自制酒酿饮

⌛ 浸泡时间：4~6 小时

🕐 制作时间：3 天（含发酵时间）

食材

(1~2 人份)

糯米 500 克

甜酒曲 2 克

矿泉水 300 克

做法

① 糯米清洗浸泡 4~6 小时后沥干，铺好蒸笼布，上锅蒸 40 分钟。

② 蒸好的糯米倒入容器中，加入
300克矿泉水（或凉白开），用
勺子快速将糯米打散至粒粒分明
的状态，然后静置降温，其间需
充分翻拌两次。

 ③ 待水分被糯米吸收，温度降至
38℃后（放入酒曲的温度太高或者
太低都会导致发酵失败），放入碾
成粉末的甜酒曲，充分搅拌均匀后
压实，然后在糯米中间压出一个小
洞，以便后期观察出酒的情况。

④ 用保鲜膜将容器密封，在
30℃的温度环境下静置发酵
48小时就会产生甜米酒了。

 唠唠
叨叨

制作甜酒酿时要用到的容器用具必须保证无水无
油，避免酿造时发霉。
酒曲适合发酵的室内温度是 28~30℃。

古法酸梅汤

⧗ 浸泡时间：30 分钟

⏰ 制作时间：45 分钟

食材

（1～2 人份）

乌梅 15 克

山楂 15 克

陈皮 5 克

甘草 3 克

洛神花 4 克

桑葚 5 克

干桂花 1 克

黄冰糖 80 克

做法

① 除了桂花和黄冰糖，其他材料反复冲洗几遍，用清水浸泡半小时。

② 将浸泡好的原料同汤水一起倒入锅中，根据个人喜欢的口感再倒入 1.5~2 升水。

③ 大火煮开后再熬制 30 分钟，加入黄冰糖，熬至化开后关火即可。饮用前撒上桂花，冷藏后或加冰块饮用更美味。

唠唠叨叨

尽量不要用铁锅煮酸梅汤，选砂锅或养生壶最佳。洛神花和桑葚起增色作用，也可以不加。

青提石榴茶

⏰ 制作时间：10 分钟（不含冷冻时间）

食材

（可制作1杯）

石榴 1 个　　青提 6~8 颗　　茉莉花茶 3 克　蜂蜜 5 克

做法

① 石榴去皮后，取少量石榴子放进冰格，加饮用水提前冻成冰块备用。其他的石榴子在制作当天榨成汁。

② 用 85℃热水冲泡茉莉花茶 5 分钟，冷却后过滤掉茶叶，取 100 克茶汤与石榴汁混合搅拌。

③ 青提去皮，放入杯中，用捣碎棒捣碎后放入石榴子冰块和蜂蜜。

④ 将步骤②混合好的石榴汁慢慢倒入步骤③的杯中，搅拌一下就可以饮用啦！如果有多余的青提，可以用竹扦穿起来，放在杯口装饰。

唠唠
叨叨

如果水果足够甜，也可以不添加蜂蜜。

欢迎创作自己的食谱，
让它成为世界上独一无二的书

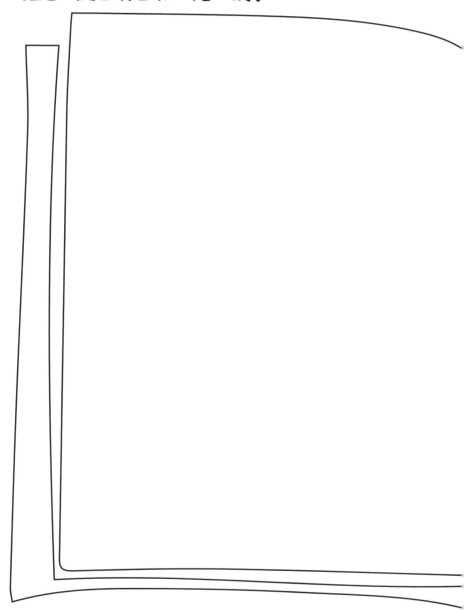

可以灵活运用
153 页、157 页和 159 页
的素材哦！

请仔细看

不要眨眼

开心一点，进宝刚刚为你放了一个烟花

素材纸

厨事小记:

调味料

厨事小记:

食材

厨事小记：